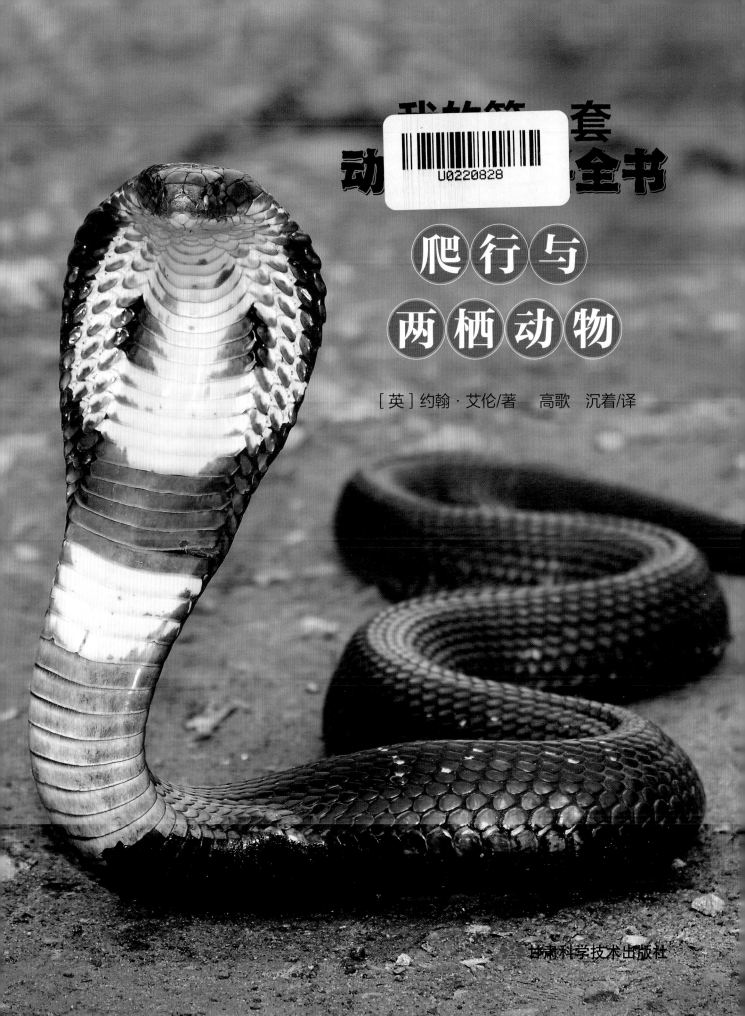

我的第一套
动物百科全书

爬行与
两栖动物

[英] 约翰·艾伦/著　高歌　沉着/译

甘肃科学技术出版社

这是一只濒临灭绝的夏威夷绿海龟，它的寿命长达 80 年。

目 录
Contents

什么是爬行动物？ 04

爬行动物的一生 06

什么是两栖动物？ 08

两栖动物的一生 10

爬行与两栖动物的栖息地 12

爬行与两栖动物的生命周期 14

环纹海蛇 16

尼罗鳄 18

绿海龟 20

科莫多巨蜥 22

红眼树蛙 24

苏里南蟾蜍 26

美西钝口螈 28

奇妙的大自然 30

什么是爬行动物？

这是一只鳄鱼的脚——可以看到它的鳞状皮肤。

爬行动物厚厚的皮肤上披着一层鳞片或甲。它们都是冷血动物，因此爬行动物的体温会随周围的气温和水温发生变化。

老皮

鳞片

与其他爬行动物不同的是，蛇类没有腿。

每隔几个月，蛇就会扭动身体，从老皮中爬出来，完成一次蜕皮。

蜥蜴是爬行动物的一种。大部分蜥蜴都有四条腿和一条尾巴。

当蜥蜴的尾巴被捕食者（如鸟类）抓住时，尾巴就会自行脱落。捕食者抓着一条扭来扭去的断尾巴，蜥蜴趁机逃脱。很快，蜥蜴的新尾巴又会长出来！

这只蜥蜴长出了新尾巴。

趣味小知识

加拉帕戈斯象龟的寿命可以超过 100 岁！

蛇类、蜥蜴、咸水鳄、短吻鳄、乌龟和海龟都属于爬行动物。

海龟和乌龟都是背上有壳的爬行动物。

一只加拉帕戈斯象龟。

爬行动物的一生

这种翠绿树蚺就是卵胎生的。

成年爬行动物大多独立生活。雌性与雄性交配，然后分开。交配后，大多数雌性爬行动物进行产卵，但也有些爬行动物是卵胎生的。

大部分雌性爬行动物产卵后离开，让卵自己孵化，但也有些爬行动物会一直照看自己的卵。

爬行动物一次产下许多卵，但只有少数卵可以成功孵化，其他的卵常常被别的动物吃掉。

一只雌性白化达尔文地毯蟒守护着正在孵化的卵。

刚孵化出来的爬行动物幼崽和它们的父母一模一样。幼崽一出生就开始觅食。刚生下来的小蟒蛇就能捕猎。

雄性

这是一只刚刚孵化出壳的小海龟。

雌性

趣味小知识

爬行动物的卵摸上去富有弹性，外壳比鸟蛋更软，也更坚固。

变色龙是一种树栖蜥蜴，它可以改变皮肤的颜色！雌性变色龙通过改变身体颜色吸引雄性进行交配。

什么是两栖动物？

这是一只蟾蜍，虽然它看上去像一只青蛙，但蟾蜍的皮肤更干燥也更粗糙。

两栖动物是一种既能生活在水中又能生活在陆地上的动物。与爬行动物一样，两栖动物也属于冷血动物。两栖动物的皮肤能够分泌黏液，它们的体温与周围的水温或气温相同。

青蛙、蟾蜍、蝾螈、火蜥蜴和蚓螈都属于两栖动物。

这是一只蚓螈。
它没有腿，看上去像一条蛇。

作为两栖动物，蝾螈和火蜥蜴都有尾巴。

这是一只火蜥蜴。

这只箭毒蛙用身上明亮的颜色警告捕食者："我有剧毒——请勿靠近。"

作为两栖动物，青蛙和蟾蜍都没有尾巴。

大部分两栖动物都喜欢生活在温暖湿润、植被茂密的地方，那里是它们的天然隐蔽所。

趣味小知识

"两栖"的意思是"两种生活环境"——一种在陆地上，另一种在水中。

两栖动物的一生

两栖动物的卵没有外壳。青蛙的卵看上去就像一粒粒果冻。

两栖动物成年后通常独自生活。雄性两栖动物与雌性交配后，雌性产卵。大部分两栖动物将卵产在水中，这样可以防止卵被晒干。

春天到了，青蛙和蟾蜍纷纷来到池塘交配。

大部分两栖动物不会照看自己的卵或后代，但两栖动物中也有非常称职的父母。

趣味小知识

雄青蛙鼓起喉咙呱呱地唱着歌，以此吸引雌性的注意。

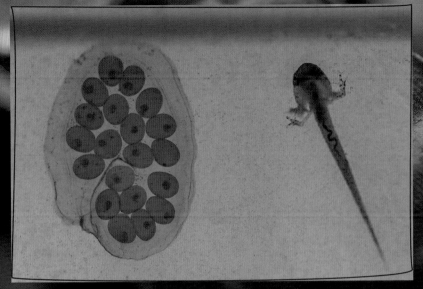

两栖动物的幼崽从卵中孵化出来。它们长着大大的脑袋和长长的尾巴，像鱼一样用鳃呼吸。慢慢地它们长出了腿，开始用肺呼吸，这样它们就可以在陆地上活动了。

这是一群幼年斑点蝾螈。

卵

有些箭毒蛙会把卵产在积满水的树洞里。如果水干了，它们就给小蝌蚪换个住处。

爬行与两栖动物的栖息地

海洋是一片广阔的栖息地。海龟就生活在大海里。

　　栖息地是指适宜动物生存和繁衍的地方。在温暖湿润的热带雨林中和气候干燥的大草原上，生活着各种各样的爬行动物和两栖动物。湿地中随处可见的池塘与河流是两栖动物最喜欢的住所。

海滩是海蜥蜴的住所。大型成年海蜥蜴经常潜入海中觅食海藻。

这是一只海蜥蜴。

这种棘蜥生活在澳大利亚的荒漠中。

由于夜晚的沙漠温度很低，清晨一到，蛇和蜥蜴便纷纷来到阳光下取暖。

趣味小知识

自然界中生活着约 260 种树蛙。

广阔的森林里栖息着大量树蛙。树蛙的绿色皮肤是它们的天然伪装，可以帮助它们隐藏在树叶中，躲避捕食者以及捕食昆虫。

爬行与两栖动物的生命周期

为了争夺配偶，雄性杰克逊变色龙准备用角击退对手。

生命周期是指动物或植物在其整个生命过程中经历的不同阶段和各种变化。下列示意图分别展示了爬行动物与两栖动物的生命周期。

① 一对食鼠蛇，雄蛇与雌蛇相遇并交配。

④ 一条小暹罗眼镜蛇。

一条皇家森蚺。 **②**

蛇类的生命周期
大部分爬行动物的生命周期都会经历这些阶段。

一条小蟒蛇。

小蛇一出生就要独自生活。

雌性森蚺产卵。有些蛇是卵胎生。

小蛇孵化出壳。

③

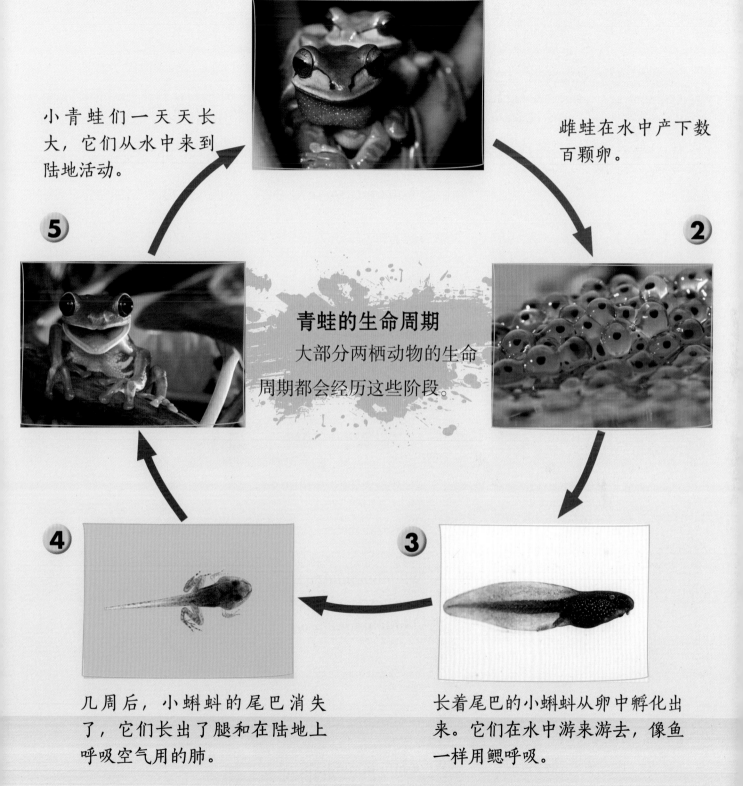

1 一只成年雄蛙与雌蛙相遇并开始交配。

小青蛙们一天天长大，它们从水中来到陆地活动。

5

雌蛙在水中产下数百颗卵。

2

青蛙的生命周期

大部分两栖动物的生命周期都会经历这些阶段。

4

3

几周后，小蝌蚪的尾巴消失了，它们长出了腿和在陆地上呼吸空气用的肺。

长着尾巴的小蝌蚪从卵中孵化出来。它们在水中游来游去，像鱼一样用鳃呼吸。

环纹海蛇

与其他一生从未离开过大海的海蛇不同，环纹海蛇在陆地上生活的时间与海洋中相同。它们的求偶和交配行为大多在偏远的小海岛上进行。

环纹海蛇生活在太平洋南部海域。

海蛇身体细长，天生可以在礁石和珊瑚丛中快速穿行，追踪它们的猎物。

海蛇主要捕食鳗鱼和一些小型鱼类，它们也非常喜欢美味的章鱼大餐！

海蛇尾巴的末端又扁又平，游动时可以产生类似桨叶的推力。

环纹海蛇用毒液麻痹猎物，然后将猎物整个吞下。它的毒液的毒性甚至比响尾蛇强 10 倍。

尼罗鳄

尼罗鳄生活在非洲的湖泊与河流附近。它们等待机会，捕食前来饮水的大型动物，如羚羊。尼罗鳄的食物还包括猴子、海龟、鸟类和鱼类。

鳄鱼可以撕咬猎物，但它们无法咀嚼食物。

大约 3 个月后，所有鳄鱼卵孵化完成。

刚出壳的小鳄鱼正在呼唤妈妈。

虽然鳄鱼生性凶残，但鳄鱼妈妈对自己的孩子很温柔。它们精心照看自己的卵，用嘴把卵弄破，帮小鳄鱼顺利出壳。

雌鳄鱼交配后，会在河边筑巢，并在巢里产下 50~60 枚卵。

趣味小知识

雄性尼罗鳄的体长可以达到 6 米。

雌性尼罗鳄把小鳄鱼轻轻含在口中，将小鳄鱼从巢中运送到河边。

雌鳄鱼在岸边的浅水中抚养小鳄鱼，大约 8 周以后，小鳄鱼离开妈妈，开始独自生活。

绿海龟

绿海龟生活在温暖的大洋中。它们以各种水生植物为食，如海草。每年，雌性绿海龟都会来到同一片海滩交配并产卵。

一只成年绿海龟的体重可以达到 200 千克。

趣味小知识

为了回到熟悉的海滩进行繁殖，有些雌海龟需要在茫茫大海中游上几周时间，行程超过 1000 千米！

成年雄龟和雌龟在浅水中相遇并交配。

海龟用鳍足拍打海水向前游动。

鳍足

雌龟爬上沙滩，用鳍足挖出一个深深的沙坑。产卵后，雌龟用沙子把卵盖住，然后爬回大海。

绿海龟一次可以产下 200 枚卵。

约 7 周后，小海龟孵化出壳。它们依靠自己的力量奋力钻出沙滩，冲入大海。

刚孵化出来的小海龟时刻处于危险之中，它们随时可能被捕食者吃掉，如海鸟。

科莫多巨蜥

科莫多巨蜥是世界上体形最大的蜥蜴。它们生活在东南亚的科莫多岛和其他几座海岛上。科莫多巨蜥捕食鹿和野猪，也会吃动物尸体。

科莫多巨蜥具有巨大的毒腺管，它们能分泌出几种不同的有毒蛋白质，从而导致猎物休克或丧失意识。

为了争夺配偶，雄性科莫多巨蜥会用后腿站立的姿势进行搏斗。

交配完成后，雌性巨蜥会用脚刨出一个浅坑作巢，在里面产下约20枚卵。之后，雌蜥离开，留下卵自己孵化。

巨蜥的卵需要 7~9 个月的时间孵化。小巨蜥在树木间爬来爬去，捕食昆虫和蜥蜴。大树是小巨蜥安全的隐蔽所，因为成年巨蜥一旦抓住小巨蜥就会把它吃掉。

成年巨蜥的长度接近 3 米。

这只小巨蜥刚出生两天，长约 30 厘米。

趣味小知识

在英国的一家动物园里，一只雌性科莫多巨蜥产下的卵成功孵化出了小巨蜥。令人不可思议的是，周围并没有雄性与它交配！

红眼树蛙

红眼树蛙生活在哥斯达黎加、南美洲、中美洲的热带雨林中，以各种昆虫为食。

它脚趾上的吸盘可以牢牢抓住树叶。

在繁殖的季节，雄性红眼树蛙聚集在池塘上方的树枝上。

交配完成后，雌蛙会在树叶上产下约 50 颗卵，叶子下面就是水塘。雌蛙一次产下大量的卵可以提高后代存活的概率。

1~2 周后，孵化出来的小蝌蚪
从树叶上滑落，掉入池塘。

这些小蝌蚪长大后变成青蛙，
又会重新回到树林里。

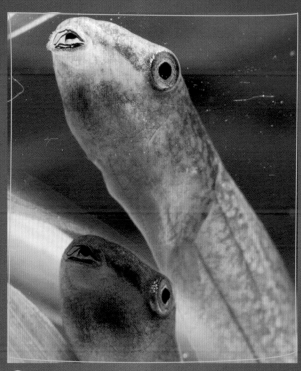

雄蛙召唤雌蛙时
会发出咔嗒咔嗒
的声音。

趣味小知识

红眼树蛙闭上眼睛，消失在一片
绿色之中。当受到攻击时，它立刻
张开血红色的大眼睛——捕食者
会被它吓一跳！

红眼树蛙是一种夜行动物。
它们白天休息，夜晚活动。

苏里南蟾蜍

苏里南蟾蜍喜欢单独活动。它们扁平的身体像是漂浮在水面上的一片落叶，有时又像是一块石头。南美洲地区泥泞的河床是它们最理想的栖息地。

它们的每根指头上都有一个小小的星型指尖，因此这种蟾蜍也被称为星指蟾蜍。

趣味小知识

当苏里南蟾蜍感应到猎物——小鱼、蠕虫和各种甲壳类动物在周围活动时，它就猛地向前一跃，一口将猎物吞进肚子。

雄蟾蜍在水下发出咔嗒咔嗒的声音来吸引雌性的注意。发情的雌蟾蜍一次释放出60~100颗卵子。雄蟾蜍为卵授精，然后将受精卵推到雌蟾蜍的背上，受精卵会牢牢地黏在雌蟾蜍的皮肤上。

接下来的数天里，雌蟾蜍背上的皮肤不断生长，将卵包在里面。
孵化完成后的 3~4 个月内，小蟾蜍会一直待在妈妈背上的皮肤里。

卵在这里！

时间一到，小蟾蜍便纷纷钻出妈妈的皮肤，游到水
面去呼吸空气。

美西钝口螈

作为一种两栖动物，美西钝口螈在成年和幼年时的外观几乎相同。虽然它是蝾螈的一种，看上去却更像一只巨大的蝌蚪。美西钝口螈主要生活在墨西哥和中美洲的广大湖泊中。

美西钝口螈主要在淡水湖泊中生活。

美西钝口螈在水中交配，交配完成后，雌性会产下约 200 颗卵，并将它们黏在植物和石头上。

趣味小知识

当一只美西钝口螈失去了一条腿，它很快就会长出一条新腿。

美西钝口螈的长度约为 25 厘米。

美西钝口螈生活在水中，它们用鳃呼吸。

美西钝口螈的卵孵化需要 2~3 周时间。小美西钝口螈以微小的水生动物为食。大约 10 天后，它们的腿开始慢慢长了出来。

有时，小美西钝口螈还会捕食自己的同类。

鳃

尾

奇妙的大自然

美洲牛蛙一次可以产下约 *25000* 颗卵！

想要了解更多神奇的爬行动物和两栖动物吗？你见过不是从蝌蚪变来的蟾蜍吗？你见过足有 6 人长的巨蟒吗？你见过从史前时代进化而来的蜥蜴吗？

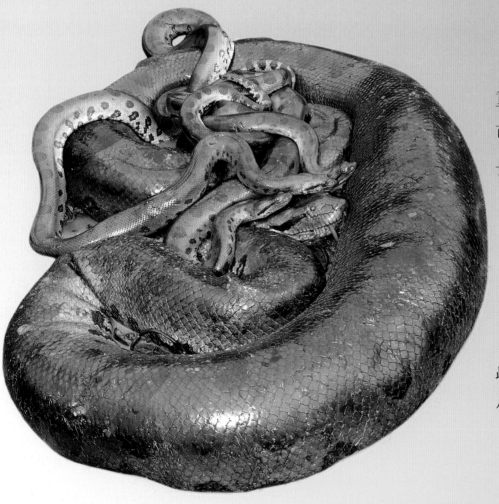

水蚺是世界上最重的蛇类。它的重量可以达到 250 千克，长度可以达到 10 米。

雌性水蚺每次可以产下约 *80* 条小水蚺。

喙头蜥的孵化时间长达12~15个月，比其他任何爬行动物都要长。

趣味小知识

喙头蜥休息时，每小时只呼吸一次！

角蛙的大嘴占据了一半的身体。它们什么都想吃，还总是吃个不停，它们的食物包括老鼠和其他蛙类。角蛙甚至会冒着被噎死的风险，试图吞下体形比自己还大的生物。

壮发蛙是人们眼中的恐怖青蛙。它有一项独特的技能：每当遇到危险时，它就折断自己的骨头，断骨从皮肤中刺出，这使它的脚掌看上去就像爪子一样。

图书在版编目（CIP）数据

我的第一套动植物百科全书．5，爬行与两栖动物 /
（英）约翰·艾伦著；高歌，沉着译．-- 兰州：甘肃科
学技术出版社，2020.11
ISBN 978-7-5424-2652-9

Ⅰ．①我… Ⅱ．①约… ②高… ③沉… Ⅲ．①爬行纲
－儿童读物②两栖动物－儿童读物 Ⅳ．① Q95-49
② Q94-49

中国版本图书馆 CIP 数据核字（2020）第 229136 号

著作权合同登记号：26-2020-0103

Amazing Life Cycles – Reptiles & Amphibians
copyright©2020 Hungry Tomato Ltd.
First published 2020 by Hungry Tomato Ltd.
All Rights Reserved.
Simplified Chinese edition arranged by Inbooker Cultural Development (Beijing) Co., Ltd.